目次

特集

封面攝影—公文美和

關於封面
飛田和緒的料理總是直接且豪邁！這道炸竹筴魚正如其名「炸竹筴魚滿盤」，滿滿地一盤，十分豪邁。

《日日》創刊滿十年 感謝當時的相遇!!

文—高橋良枝　翻譯—王淑儀

「那個時候，要是沒有認識你的話……」
人生之中，總會有幾次這樣的令人珍惜的相遇。
認識飛田和緒，也是這種相遇之一。
第一次見面是在16年前的晚秋，
從此每年，我們一起製作了4本食譜。
我記得那時一起工作的
飛田與攝影師公文美和、擺盤設計師久保百合子，
3人都才30出頭，吃得多、喝得多，常笑得很開心。
常常若是有誰發現不錯、聽說好吃的店家，
我們4人就會相約去吃吃看。
就在吃吃喝喝的談笑中，萌發了創刊《日日》的想法。
如果沒有那次的餐會，我想就不會有《日日》的存在了吧。
之後的11年，飛田和緒成了料理研究家，
在雜誌、電視等媒體上十分活躍，
每年都會出版好幾本書；
公文、久保也成了資深攝影師、設計師，活躍於第一線；
我也來到年輕時無法想像的年紀，
至今仍持續著編輯的工作。
促成我們4人相遇的是
飛田和緒的第一本料理書《來我家吃飯吧！》（講談社）
很遺憾地現今已絕版。
帶著致敬與回歸原點之意，在相遇的第16年，
我策畫了「宴客料理」這個主題，
並請公文來攝影、久保擺盤。
時隔16年，飛田再次製作的宴客料理，

＊撰文當時為2014年。

會有怎樣的變化呢？
與平常一起工作時不同的期待，在我心中擴散。
我們4人在飛田臨近海邊的住宅中集合，
不帶一絲緊張或不安，和平常的工作狀態一樣。
若要說與當年的我們有何不同，
大概就是每個人的食欲都稍稍地收斂了吧。
《來我家吃飯吧！》的內容有：
「不同年代的39道宴客料理」、
「10道大盤・大盆料理」、
「40道四季的宴客料理」、
「7道我的拿手宴客料理」、
「22道十分鐘就能上桌的簡單下酒菜」等，
將所有好菜一網打盡，共118道菜的食譜。
看著這些內容，我選定了「宴客料理」、
「大盤・大盆料理」、「快速完成的一盤料理」三大主題。
飛田的料理最大的變化
應該就是主角變成了只有在海邊才吃得到的
新鮮海味與鮮美蔬菜。
她說由於食材本身就已十分美味，
料理時不需要多做什麼，
直接品嘗食材的鮮美，便是我家的宴客料理。
不因「宴客」二字而感到壓力，
只需端出平常家裡會出現的菜色，
只要這麼一想，招待朋友來家裡吃飯
也能成為輕鬆愉快的事了吧。

海邊小鎮的宴客料理
品味季節的食材之美

16年前要拍攝宴客料理時，
飛田和緒還住在東京的住宅區裡，
之後她搬到海邊小鎮去，
家裡又增加了新成員——花之子，
不論是身為家庭主婦還是料理研究家，
都已駕輕就熟，
如今她會如何思考宴客料理呢？

文—飛田和緒
攝影—公文美和
翻譯—王淑儀

自從我們家搬到海邊小鎮，我的宴客料理也起了變化，改由當地生產的食材作為料理的主角。因為食材太新鮮了，真的不需要太多烹調手段，甚至於什麼都不做就很好吃。魚鮮類沒有腥味不必經過去腥的手法，生吃或是快速過個火簡單調理就可以；蔬菜經過刀切會流失水分，於是保持原形直接啃，人人都感到驚喜；陽光充足，將魚、蔬菜曬過拿來料理也能為餐桌增色。

我變得即使要宴客也不事前準備，只消當天到市場或是小農自營販賣所去買菜，這是海邊的慵懶風格。有時也會因為天氣不好，海象不佳，買不到魚；季節轉換之際，農產品生長交替期，蔬果種類青黃不接；一年一度的海上祭典，打魚人休漁的日子，我還沒習慣這些時節帶來的變化時，搞不清楚狀況而上街買菜，也不時會有空手而回的困擾。

雖然不像去超級市場買菜那樣方便，但這個時候，我也學會了以平常做好的保存食來消解一時之缺，覺得自己受到當地食材的幫助，有時也被它們訓練。更大的收穫則是當地人、漁夫、農家等教我認識了好多好多的美味，讓我有了責任，要將這些美味藉由在家請客，傳送給客人們。

在拍攝這本書的時期，正是吻仔魚解禁之前，尚未能打撈，所以很遺憾地無法取得剛起鍋或是生的吻仔魚，不過照片中的這道吻仔魚蓋飯則是我家最推薦的宴客料理。每當我問起眾人想吃什麼時，絕大多數的回答都是「吻仔魚蓋飯」。將大量的吻仔魚裝進大碗公，佐以醬油、橄欖油、鹽、芝麻油等調味料，醃菜、海苔、生雞蛋也一同上桌，最後只要再準備一鍋剛煮好的白飯就完成。大家都說想要吻仔魚吃到飽，根本不不需要其他配菜。唯一只有有幸遇到生吻仔魚時，會想要配炸物而已。現在說到宴客，採購食材還比烹調花時間呢！

宴客料理

來到這裡，不論是小孩或是我
都新認識了朋友。
海邊的小孩們都很有精神，也吃得多。
在家宴請這些朋友們時，
不論哪道菜都離不開海邊的食材。

夫婦倆一同經營的鮮魚店。剛從三浦的海現撈的魚鮮，就是新鮮的代名詞。

女子午餐會

不論是媽媽朋友、學生時代的友人或工作伙伴，
這些是當只有女生們一起吃午餐時才會有的餐點，
可以品嘗到三浦新鮮的蔬菜及當季的魚貝類。

菜色

蘿蔓萵苣沙拉盤

義式涼拌章魚

慢燉牛腩

法國麵包

蘿蔓萵苣沙拉盤

■材料（4人份）

蘿蔓萵苣……1株
芝麻葉……1把
大蒜……2瓣
麵包丁……約1/2杯
帕瑪森起司、
佩克里諾起司等……適量
橄欖油……3大匙

沙拉醬
美奶滋……2大匙
醬油……2小匙
無糖優格……2大匙
黑胡椒……少許

■做法

①蘿蔓萵苣一葉葉拆下，與芝麻葉一起泡過冰水，變得青脆。

②大蒜切薄片，與橄欖油一起下鍋，以小火加熱到有淡淡的焦黃色後取出，放在廚房餐巾紙上吸油。鍋中的橄欖油留著繼續使用。

③將沙拉醬的材料與②的橄欖油調合在一起。

④將已瀝去水分的①盛盤，大蒜片與麵包丁、以削皮刀削成薄片的起司等亦分別盛在容器中。

⑤取一葉蘿蔓萵苣，依個人喜好，於上頭擺進芝麻葉、麵包丁、起司等材料，再淋上沙拉醬。

⑥以手拿著，直接食用。

Memo　麵包丁是將吐司切成1立方公分的小丁，加點橄欖油炒至乾脆，或是送進烤箱中烤至焦脆。

義式涼拌章魚

■材料（4人份）

燙熟的章魚腳……1大隻（約150g）

番茄……1顆

青椒……1顆

洋蔥……1/4顆

檸檬……1/2顆

鹽、胡椒……各適量

■做法

①番茄切成5mm的小丁，青椒、洋蔥也都切碎，全放進調理盆中，擠上檸檬汁，輕輕拌勻後放置15分鐘。

②章魚腳切薄片，平鋪在盤子上。

③在①中加鹽、胡椒調味，上桌前鋪在章魚片上即完成。

Memo　佐島的章魚大約是在梅雨季到初秋之間盛產，剛煮好的章魚非常軟嫩，味道特別香，是這段期間宴客時不可或缺的食材之一。

慢燉牛腩

■材料（4人份）

牛腩……300g

馬鈴薯……4顆

紅蘿蔔……1大根

洋蔥……2顆

大蒜……1瓣

酒……1杯

鹽、胡椒……各適量

橄欖油……2大匙

■做法

①將牛腩放進鍋中，加水至淹過牛腩，開火煮沸，將血水逼出來。

②將牛腩拿到水龍頭下開水清洗後，切成一口大小，再放進鍋裡，加酒與水淹過牛腩後，開中火煮滾，轉中小火，蓋上鍋蓋燉煮40～50分鐘，途中水分會漸漸減少，再加些水繼續煮至牛腩變軟。

③將馬鈴薯、紅蘿蔔、洋蔥切成略大的一口大小，大蒜切薄片。

④另起一鍋以小火將蒜片、橄欖油加熱，爆香，將蔬菜下鍋炒。

⑤當所有蔬菜都翻炒沾裹上橄欖油之後，加些②的湯汁，煮至蔬菜變軟後，加進②的牛腩鍋中，加鹽、胡椒調味。

⑥要吃之前再加熱，盛盤。

Memo　可搭配法國麵包。麵包切片，依個人喜好看是否要進烤箱烤過，盛盤，一同上桌。

飲酒會

菜色

手卷壽司

柚子醋拌海帶芽

高湯浸西洋菜

炒花枝鬚

有時先生的朋友、工作伙伴或是喜歡海的同好會突然來家裡拜訪，招待這些喜歡喝一杯的朋友們，新鮮的魚鮮類是最棒的下酒菜。為了可以一起談天，大多會選擇可快速上桌的料理。

手卷壽司

■材料（4人份）

當季鮮魚的生魚片……適量

（自右上順時針起分別為花枝、鮪魚、鯛魚、比目魚）

珠蔥……1把

小黃瓜……1根

紫蘇葉……2把

醋橘、檸檬……各適量

梅乾……2顆

醃蘿蔔……適量

山葵、柚子胡椒、鹽、醬油、橄欖油……各適量

烤海苔（全片）……10片左右

醋飯……2杯左右

■做法

①珠蔥切絲，紫蘇葉對半縱切，醋橘、檸檬切成容易擠汁的形狀，梅乾去籽後剁成泥狀，醃蘿蔔切成絲，烤海苔切四等分。

②取出大盤子將上述食材盛盤，與醋飯一同上桌。

Memo　會喝酒的人可以直接將生魚片拿來下酒，也可以用海苔搭配香料蔬菜捲起一塊吃。想做成手卷壽司的人則是將醋飯放在海苔上，再搭配個人喜歡的香料蔬菜與生魚片捲起來吃。我最推薦的是花枝、白肉魚等與紫蘇葉、山葵、鹽、檸檬的組合。調味的部分不一定只有山葵加醬油，也可以是橄欖油與鹽、橄欖油與醬油、鹽與醋橘、柚子胡椒與醬油等，藉由調味料與香料蔬菜的組合變化，帶來各種不同口味的享受。

涼拌西洋菜

■材料（4人份）

燙西洋菜……2把
高湯……1杯
鹽……1小匙
薄口醬油……1小匙

■做法

①西洋菜（水芹）的葉子摘下，葉子與莖分開來。
②高湯與調味料加在一起，攪拌均勻。
③將水煮開，放入西洋菜的莖稍微煮一下，將葉子鋪在竹篩，架於流理台上，將燙西洋菜莖的水與煮好的莖一起沖向鋪著葉子的竹篩，利用熱水將西洋菜葉燙熟，再用冷水沖涼後，將水充分瀝乾。
④將③浸泡於②之中約30分鐘後取出，切成容易食用的長度後盛盤。

Memo 照片中是以小缽盛裝，下方墊以柚子醋拌海帶芽。

柚子醋拌海帶芽

■材料（4人份）

海帶芽……泡開後200g
柚子醋……3大匙
現磨白芝麻……適量

■做法

①海帶芽切成容易入口的大小。
②海帶芽盛裝於容器中，淋上柚子醋，撒上現磨白芝麻即完成。

炒花枝鬚

■材料（4人份）

花枝鬚、鰭……1杯分
橄欖油……1大匙
醬油……2小匙

■做法

①使用切生魚片剩下的花枝鬚、鰭的部分。花枝鬚以菜刀刮除吸盤，再與鰭一起切成容易食用的大小。
②取一平底鍋，倒入橄欖油加熱，將①入鍋炒至全體變白之後，加醬油，均勻拌炒後即可起鍋。

小朋友的慶生會

菜色

味噌茄子炒豬肉配太陽蛋

田園沙拉

風乾小番茄

巧克力蛋糕

兒童用香檳

女兒的朋友們大多是很有精神、食欲旺盛的小女生，非常率真可愛。
她們很愛這道味噌茄子炒豬肉，每次都會一碗接一碗。

整個蛋糕不分切，直接用湯匙挖來吃是我們家的作風。

田園沙拉

■材料（4人份）

白蘿蔔……3公分厚

（照片中使用的是紅皮蘿蔔）

小黃瓜……1根

紅蘿蔔……1/3根

水菜……1小株

喜歡的沙拉醬、美奶滋等……適量

■做法

① 白蘿蔔、小黃瓜、紅蘿蔔都先切成3～4公分長後，切絲，水菜也切成一樣長度。

② 將①放進調理盆內，輕輕混合後盛盤，再淋上個人喜歡的醬汁後即可食用。

Memo 蔬菜可以選擇當季盛產的3種類做搭配組合。

味噌茄子炒豬肉

■材料（4人份）

茄子……3根

豬五花肉片……200g

大蒜……1小瓣

薑……1小塊

白芝麻油或沙拉油……2小匙

調味料

- 味噌……2大匙
- 砂糖……1～2大匙
- 酒……1大匙

醬油、芝麻油……各少許

白飯、太陽蛋……各4人份

■做法

① 茄子撕去外皮，切成1公分的小丁，泡水約5分鐘。

② 豬五花肉片切長條狀，大蒜、薑切碎。

③ 調味料的材料全拌在一起備用。

④ 白芝麻油與大蒜、薑末一起爆香後，將豬五花肉下鍋炒，肉片轉白後，將瀝去水分的茄子丁下鍋，炒至所有食材都熟透。

⑤ 將③下鍋，均勻裹上食材後，灑上芝麻油增加香氣。

⑥ 盤子裡裝好白飯，鋪上⑤及太陽蛋即完成。

風乾小番茄

■材料與作法

小番茄對切，去籽，排放在竹篩等容器上，置於陽光下曬乾。天氣好的時候約曬4個小時，當剖面有些許乾皺時即完成。

大盤・大盆料理

即使是只有家裡的人一起吃飯，
我也喜歡用大盤、大盆盛裝食物，
「咚」地一聲上桌，
不覺得心情也跟著變得很豪氣嗎？
以當地現採食材做的各式炸物，
也是用大盤子裝滿滿地
最引人食指大動。

到處都有的小農直營販賣處可以買到現採的蔬菜、花卉、水果等農產品，每次都忍不住買太多。

葉山牛排沙拉

葉山牛是葉山出產的名牌牛肉，因產量稀少，在其他地方幾乎是買不到。拿來與新鮮的西洋菜搭配，大口大口品嘗。

■材料（4人份）

牛排肉……200g×2塊
牛油……少量
大蒜……1大瓣
鹽、胡椒……各適量
西洋菜……1把
細蔥……6枝

■做法

① 牛排肉以鹽、胡椒抹過，在常溫下放置約20分鐘，使其油脂軟化。大蒜對半切，拍碎備用。
② 西洋菜將葉子摘下，細蔥斜切成薄片，兩者均泡過冰水變得青脆後，再徹底瀝乾水分。
③ 在平底鍋加入牛油以中火加熱融化，大蒜下鍋爆香後，牛排入鍋，開中強火將牛排表面煎得焦黃後起鍋。
④ 牛排稍微放涼後，切成容易入口的大小，再與已瀝乾的生菜一起盛盤享用。

Memo　依個人喜好可撒上切碎、爆香過的大蒜。照片中用的是浸泡過醬油的大蒜碎片。牛排拿來蘸醬油、柚子胡椒或芥茉都很美味。

油燉肩胛肉
佐冰鎮番茄&小黃瓜

早上現採的番茄與小黃瓜的美味
是夏季最棒的饗宴，
也是我搬到三浦生活後才知道的美味。
為了享受一口咬下的暢快，
特意不切小塊。

■材料（4人份）

肩胛肉（梅花肉）塊……500g
鹽……1又1/2小匙
大蒜……1大瓣
油……適量
味噌、美奶滋……各適量
番茄、小黃瓜……各適量

■做法

①將整塊肩胛肉抹上鹽，以保鮮膜包覆後放進冰箱冷藏經過一到兩個晚上熟成。
②將①與拍碎的大蒜一起放進厚實的鍋中，倒油至可淹過肉塊的高度，開小火燉煮。
③約煮了30分鐘左右，直接於鍋中放涼後取出肉塊，依個人喜好切成較厚的片狀盛盤。
④冰鎮過的番茄與小黃瓜不切，直接添置於肉片旁，可依個人口味蘸取味噌或美奶滋食用。

Memo　肉片可以直接吃，或是蘸辣椒醬、黃芥茉、柚子胡椒、青蔥醬油等。用小一點的鍋子來燉、豬肉塊，就可以少用點油。

炸竹筴魚滿盤

自從搬到海邊的小鎮，
我拿手的魚鮮料理便飛躍式地增加。
炸竹筴魚、梭子魚就是要一口氣炸一大盤，
滿到要往上堆，吃來特別過癮。

■材料（4人份）

竹筴魚（已剖開處理好的）
……體型小的12～16尾
鹽、胡椒……各適量
麵粉……1杯
蛋……1顆
麵包粉……適量
炸油……適量
蘸醬、醬油、檸檬……各適量

■做法

①蛋打散，加入麵粉與3/4～1杯的水調合，做成炸衣。

②竹筴魚擦去水分，輕輕撒上鹽與胡椒，再依序蘸上①、麵包粉。

③將油加熱至170℃，蘸了麵衣的竹筴魚下鍋炸至金黃，起鍋後與檸檬一起盛盤。依個人喜好擠上檸檬汁，或蘸醬、淋醬油食用。

Memo 在當地，與炸竹筴魚一起亮相的炸梭子魚也很受到歡迎。大約從梅雨季節開始可以捕捉得到小隻的梭子魚，在魚攤上就看得到跟竹筴魚一樣已剖開處理好，買回家即可炸來吃的梭子魚。

壽司卷

身為壽司愛好者的我，在家也常自己動手做壽司。也許我最喜歡的是醋飯也說不定。加進好多材料的壽司卷，是很受小孩與女性客人喜歡的一道菜。

■材料（4人份）

- 乾香菇……2朵
- 葫蘆乾……10g
- 砂糖（最好是紅糖）……2大匙
- 醬油……2大匙
- 蓮藕……80g
- 醋、砂糖……各1又1/2大匙
- 蛋……3顆
- 砂糖……1大匙
- 沙拉油……約2小匙
- 小黃瓜……1根
- 鹽……少許
- 醋飯……約2杯半
- 烤海苔……4張

■做法

①乾香菇以1杯半左右的水泡開後，切薄片。葫蘆乾以少量的鹽（分量外）搓揉，變軟後切碎。

②將香菇絲與葫蘆乾入鍋，以淹過食材的香菇水加進砂糖、醬油同煮，煮到湯汁幾乎完全收乾，使食材入味。

③蓮藕切成扇形薄片後，泡在開水中約5分鐘，瀝去水分，下鍋，與醋、砂糖一塊煮。

④蛋打散，加入砂糖。

⑤在平底鍋倒入沙拉油於鍋底均勻分布後，倒入1/4量的蛋液，快速攪拌後使其流向鍋邊。再次倒入1/4的蛋液，使其流向鍋邊的蛋皮下方，待鍋面的蛋液煎熟了，便朝鍋邊捲去，如此重複多次，完成煎蛋卷。

⑥小黃瓜縱切成四等分，輕輕撒上鹽，靜置10分鐘後，瀝去澀水。

⑦在竹簾上鋪上海苔，將醋飯均勻地平鋪於海苔上方，四邊各留下2、3公分。

⑧香菇、葫蘆乾擠去湯汁，煎蛋卷切成1公分立方的長條，與蓮藕、小黃瓜一起放在醋飯上。

⑨從底端開始向內捲，將食材包覆起，邊捲邊調整形狀。

⑩刀子以醋水或水沾過後拭乾，切下個人喜好的厚度，盛盤。

Memo　壽司卷裡包的材料會依每次的狀況不同，給小孩子吃的會包德式香腸，男性喜歡炒得偏辣的牛肉或豬肉，與沙拉葉、泡菜一起捲成壽司，頗受好評。

專訪

料理家　飛田和緒的16年

一路走來，我不斷地思考著自我風格是什麼。

飛田和緒說她未曾上過料理學校，沒有擔任料理家助理的經驗，僅憑著一介主婦的感覺信步走過了16個年頭。這不正是飛田和緒這名料理家的強項嗎？

《來我家吃飯吧》裡
介紹的一道大盤料理

《來我家吃飯吧》
講談社

認識於16年前

高橋　我記得我們初次見面是在1998年的晚秋。

飛田　高橋突然打了電話給我，記得三天後你就直接上門來找我了（笑）。

高橋　那時飛田還沒有開始料理家的工作吧，我是在季刊《雜貨目錄》上看到連載你的繪圖日記，覺得這個人一定很會料理，所以就跟你聯絡了。

飛田　高橋的第一句話就是「你很會做宴客料理吧？」（笑）

高橋　因為我覺得不這麼說不行啊。不過，當時我也常被人家問「你很會做辛辣料理吧」。

飛田　當時我結婚了，是名主婦，料理的工作一年有幾件，或是為先生、朋友而煮，大約是這種程度。先生的朋友多是單身或者剛結婚還沒有小孩，過著悠閒的兩人生活的人，所以那時幾乎每個晚上大家都會聚集到我們家來吃吃喝喝。

高橋　我那時也還沒有正式編輯過料理書的經驗，但根本上是個愛吃鬼，所以很想做食譜，但檯面上的料理家都已經有了固定合作的編輯，我想要發掘新人。

飛田　那時我們聊了很多，也花了不少時間，但高橋對我說，我們的企畫一定會通過……。

高橋　料理家是新人，編輯在食譜的領域上也是新手，攝影師、擺盤設計師也都剛出道，這樣的4人組合，完成了一本在1999年7月由講談社出版的《來我家吃飯吧》。

飛田　美術總監有山（達也）也說，這本書的製作成員都是新手的組合滿好的。

高橋　沒錯，攝影師是公文美和，擺盤設計師是久保百合子，她們那時都在30歲上下，你們每個都很年輕、有活力，吃得也多。我雖然已可以當你們的母親了，但那時還會爭著跟你們一起大吃大喝，有時拍攝到深夜，或是連續拍了4天，現在回想起來，那真是非常操勞的工作量，真是太對不起你們了。

飛田　以盛裝料理的小道具，裝了啤酒或紅酒，剩下的我們就邊喝邊工作，實在太開心了。那本書也是我第一次寫作食譜。

《美味的餐點從器物開始》
講談社

《令人眷戀的甜點》
講談社

《獻給家人的美味料理》
講談社

仔細書寫的食譜是我的原點

高橋 現在回頭去讀，發現你的食譜寫得很仔細，所以每一頁都擠了滿滿的字（笑），有山還跟我抱怨這麼多字排不下啦！

飛田 因為是我的第一本書，想要傳達的事情很多，就這個也寫那個也寫，塞進很多東西。不過那也是我的原點，很多想法都濃縮在那裡面。

高橋 當時的講談社校閱部有名資深的校閱員，要很仔細地校閱，一定很辛苦（笑）。

飛田 因為我跟高橋都是不怎麼在意細節的人（笑）。

高橋 除了食譜外，也寫了關於料理、生活的事，那樣龐大的稿量在今日已經是2、3本書的分量了，當時應該覺得寫得很累吧？

飛田 因為是第一次，以為寫作本當是這樣。

高橋 我也想做一本至今未曾有過的料理書，所以很貪心地開了很多題目要你寫。

飛田 那時我住在洗足池附近，只要一通電話，業者就能把食材送到家，或是家後方就有超市，所以連續拍攝了好幾天未中斷。

高橋 飛田的第一本料理書後來又再版印了5、6刷，之後在講談社也又繼續出了3本書《獻給家人的美味料理》、《令人眷戀的甜點》、《美味的餐點從器物開始》。這段期間飛田也已成為廣受歡迎的料理家，每天都很忙碌。

飛田 各家編輯接連打電話來邀稿，不知不覺就接了許多工作。

單身生活為料理打下基礎

高橋 你變得很忙，這15年來出了多少本書？

飛田 沒數過，大概50本左右吧，若再加上與人合著的，應該會再多一點。這兩頁上方的書就是最早的4本作品，由高橋編輯的。

《常備菜》等有幾本是我很長一段時間都覺得很想做、醞釀很久的題目，其他也有講和服、小孩等等的，包括以文章為中心

《我的保存食手帖》
扶桑社

《常備菜》
主婦與生活社

《飛田和緒的家庭料理》
小學館

的作品，與料理比較沒有直接關係的題目。

高橋　若再加上雜誌的工作，你所做過的料理恐怕已上千、上萬道了吧。要設計各式的食譜，想法是否如泉湧般源源不絕呢？不會有遇到瓶頸的時候嗎？

飛田　有時也真的會有想不出來的痛苦。因為我這個人不是很會整理腦中的想法，所以要具體成形會花很多時間，有時得一下想出很多道菜的時候，也會焦慮不知該怎麼辦，擠得很痛苦。

高橋　飛田的料理的特色是直率，看起來總是像一般家庭會出現的餐點，我想這是因為你考量到讀者，總是將食譜寫得簡單、為讀者著想吧？

飛田　我想這是因為我是在一個非常非常普通的家庭中長大，也沒有專門去學烹飪的關係吧。因為我沒有去料理學校上課，沒有海外生活的經驗，也未沒有做過料理老師的助理，就只是以祖母、母親的味道為基本，這個因素較大吧；此外就是學生時代與還是粉領族時的單身生活，以及結婚以後有很長一段時間是跟先生兩人的生活，這些時間也為我打下了料理的基礎。

高橋　你的青春時代正是日本泡沫經濟的最高峰吧。

飛田　對，所以前輩或上司常請吃各式各樣的美食，或是與男朋友外出用餐也是他會出錢，絕對不會讓女孩子付錢，省下來的錢我就花在衣服之類的東西上，有時打開錢包一看，裡面不到20圓。我會自己煮飯帶便當去上班，這時候也累積了一些知識，知道一根紅蘿蔔、一顆馬鈴薯可以如何下工夫好好利用。

高橋　小時候是否也常在廚房幫媽媽的忙呢？

飛田　我是很想幫忙，但是我母親就會說「你忙著練習跳舞，幾乎都不在家，晚上也很晚才回來，根本就沒幫上什麼忙。」大概是因為我實在是太愛吃了，所以吃過的東西我都會記起也說不定。祖母要外出用餐時，自小就都是由我陪著她去，每當她說要去吃鰻魚、泥鰍等，我就會跟在她後面，幫她提著裝有錢包的手提包跟著一起去，我想這樣的經驗應該也發揮了些許作用吧。

《放晴的日子在廚房裡》
幻冬舍

《小女生的手作》
WAVE出版

《四季的餐桌》
幻冬舍

《和服日常》
主婦與生活社

脫離東京，前往海邊小鎮

高橋　在生花之子的同時，你們也搬到海邊小鎮去了。

飛田　在東京的生活總覺得喘不過氣來，很希望可以脫離這裡，就算只有一瞬也好，後來真的身體狀況好轉，一直以來因壓力而產生的疲倦感也都消退了。

高橋　是工作太忙的關係嗎？

飛田　工作讓我很快樂，我從來沒想要放棄或是覺得厭倦。只是白天拍攝料理，晚上先生的朋友們接著來家裡，開心地吃飯聊天到很晚，雖然快樂但幾乎沒有什麼時間休息，所以身體才會抗議了吧。

高橋　搬家快十年了吧？那時才剛出生的花之子現在已經是小學四年級了。你的料理是否也有了變化了呢？

飛田　剛搬來時我原先對於這裡的食材沒有任何期待，也沒有認識。這附近沒有親朋好友，每天只能帶著女兒在附近走走散步，或開車慢慢地發現店家，漸漸地也有人會告訴我哪裡又有新的店或販賣所。原本以為是海邊小鎮所以魚會很新鮮，沒想到連蔬菜都那麼鮮美，真是處處都讓我感到驚喜。

開始去上甜點教室

高橋　料理的時候，你自己覺得最重要的、常掛在心上的是什麼事？

飛田　在製作一本單行本時，我常提醒自己要選用容易找到的食材及調味料，不過在雜誌上有時就會嘗試一些新挑戰。

高橋　那時要求你做甜點的書時，我記得你說自己不擅長做甜點，還有些抗拒，但最後還是整理出《令人眷戀的點心》這本書。完成之後一看，那完全是飛田和緒的點心，整個料理世界也因此而完整了。（笑）

飛田　我最近開始去上甜點教室了，因為花之子說她有喜歡的男生，想要在情人節時送他點心，我想我得一旁協助她，因此到去年之前還一邊看書一邊做，不過實在是太不擅長了，總是做不好，所以透過人家的介紹，去了一家2、3個月上一次課的教室，跟女兒一起去上課。

高橋　成果就是16頁的那個巧克力蛋糕

《小孩的東西　小孩的事》
WAVE出版

《我家的冰箱》
MEDIA FACTORY

吧？

飛田　對，不過因為那是老師教的作法，所以我沒有寫出配方。

高橋　我之前聽你說花之子喜歡日式點心，不太吃西式甜點，不過現在她有了喜歡的男生，是否會為了他改變口味？

飛田　對呀（笑），只是相較之下，喜歡動手做勝於吃。

高橋　花之子自小就不挑食，什麼都吃，現在已是小學四年級，應該也很會吃了吧！

飛田　你看看她的便當盒，是不是跟大人的一樣大？她每天早上六點半要出門，我就五點半起床做便當，聽起來很厲害，但其實就是冰箱裡有什麼就拿來快速地煮好帶便當，不過最近隨時都會有常備菜或是保存食物，就不用為了做便當，還得特地去買水果跟蔬菜。

高橋　那你先生隆之是否一樣很忙？

飛田　對呀，像現在他就在德國出差，之前我記得他去了加拿大，回來沒多久又去泰國，我笑他說那麼常飛海外，乾脆去住在成田好了，他現在很少在家慢慢地享用一餐了。

高橋　今後你有什麼想做的事嗎？

飛田　我今年就要滿50了，當家庭主婦也快30年，因為我比較晚生小孩，女兒還在成長中，我很期待也享受在這過程裡不斷發現新的題材。有次遇到讀者跟我說：「我很喜歡你的表現方式，如淋醬油的手法要如寫『の』字、大約一茶匙、一杓之類的」，其實我自己不用量匙，是編輯提醒我要這樣表示的。

高橋　咦！原來是這樣啊？

飛田　當然對讀者而言，清楚而正確地寫出用量的食譜是有必要的，但偶爾也會用像我這種不侷限在分量上的食譜，希望讀者可以找到合適自己的平衡點。

高橋　飛田的30年後我應該已經看不到了，但還是很期待80歲的料理家飛田和緒。

快速完成的一盤料理

我做的菜大都是短時間可完成的，
不論材料還是烹調方法都很簡單。
因為身為家庭主婦，
理所當然地都會做出這樣的料理吧。
雖然不花太多的工夫，
但仍心心念念地想做出讓人喊出：
「好好吃！」的菜色。

這裡是我最喜歡的現煮吻仔魚專賣店「紋四郎丸」。現撈吻仔魚是只有在產地才能吃得到的夢幻食材。

山苦瓜拌豬五花火鍋肉片

■材料（4人份）
山苦瓜……1小條
鹽……1/2小匙
豬五花火鍋肉片……150g
洋蔥……1/4顆
大蒜醬油……2大匙
醬油大蒜……1瓣（切碎）
醋、芝麻油……各1大匙
砂糖……2小匙

■做法
①山苦瓜縱切剖開，去棉去籽後切薄片，撒鹽輕輕抓過，靜置10分鐘。
②豬五花火鍋肉片切成一口大小，洋蔥切薄片。
③調味料與大蒜調合在一起。
④起一鍋煮水，沸騰後關火，將肉片放入鍋中，慢慢地泡熟。
⑤在較大的調理盆裡放入洋蔥，將泡過熱水肉片趁熱放在洋蔥上。
⑥山苦瓜片以開水快速洗過，瀝乾水分後放進⑤，加入③的調味料後拌勻，盛盤即完成。

鹿尾菜洋蔥沙拉

■材料（4人份）

鹿尾菜……15g
洋蔥……1顆
鮪魚罐頭……1小罐（80g）
醋……2大匙
砂糖……2大匙
鹽……1/4小匙
橄欖油……3大匙

■做法

①將醋、砂糖、鹽調合成醬汁，與切成薄片的洋蔥均勻混合。
②將鹿尾菜泡開後，快速燙過，瀝乾水分。
③將瀝乾的鹿尾菜與①、鮪魚罐頭連汁一起全都倒進調理盆中，淋上橄欖油，拌勻後即完成。

Memo　洋蔥盛產的季節，也是海邊採得到大量鹿尾菜的時候。剛燙好的鹿尾菜與新鮮洋蔥搭配起來正好。

楓糖醋漬紅蔥

■材料（4人份）

紅蔥……2枝

楓糖醋……少許

楓糖……少許

■做法

①紅蔥切成4cm長，以烤盤或平底鍋炙烤。

②趁熱淋上楓糖醋及楓糖，靜置15分鐘入味後，即可盛盤享用。

Memo 楓糖醋是最近我喜歡上、常用的調味料，若手邊沒有的話，以紅酒醋、米醋、蜂蜜調合後，來做這道菜也很好吃。

芝麻味噌拌春菊

■材料（4人份）

春菊……1把

竹輪……1根

醬料

味噌……1/2小匙

砂糖……1/2小匙

醋……1小匙

醬油……少許

粗磨白芝麻……1小匙

■做法

①將醬料的材料混合，竹輪切薄片備用。

②將春菊葉子摘取下來，與莖分開。莖先燙過，燙過莖的熱水再拿來淋葉子。放涼後，瀝乾水分，切成容易食用的長度。

③拌料之前再次瀝乾水分，加進竹輪後，再放醬料，拌均後即可上桌。

日式炒麵

■材料（2人份）
洋蔥……1/2顆
青椒……1顆
德國香腸……2、3根
芝麻油或沙拉油……適量
鹽……少許
炒麵用麵條……2球
日式炒麵醬……2大匙
醬油……少許
紅薑、海苔粉……各適量

■做法
①蔬菜與德國香腸切成容易食用的大小，洋蔥切好備用。
②以2小匙芝麻油，依序下德國香腸、蔬菜拌炒，輕輕撒點鹽調味後起鍋。
③②的同一個鍋子裡再加1小匙的芝麻油熱鍋，將麵條自袋中取出，直接放進鍋中煎得帶點焦脆後才翻面，輕輕地以鍋鏟撥散，將②的材料再次下鍋，一起炒。
④加進炒麵醬與醬油調味。
⑤依個人喜好撒上海苔粉、紅薑。

鹽燒雞肉與雞肝

■材料（4人份）

雞腿肉……1片
雞肝……約150g
鹽、黑胡椒……各適量
芝麻油或沙拉油……2小匙
香菜……1把
細蔥……6枝
羅勒……約2枝
薑……1小塊

■做法

①雞腿肉切成一口大小，雞肝泡冰水去除腥味並洗去雜質後，切成一口大小，撒上鹽、胡椒。

②香菜與細蔥切成4cm的長段，羅勒摘下葉子，薑切細絲。

③在平底鍋裡倒進芝麻油熱鍋後將②下鍋快炒，輕輕撒上鹽、胡椒調味後起鍋。

④同一平底鍋，將雞肉與雞肝煎得兩面焦脆後，擺在炒好的蔬菜上即完成。

公文美和的攝影日記㉓

美味日日

厚子的洋食

女生都喜歡

絕品

海邊撿的碎片

ROZA

清爽的湯

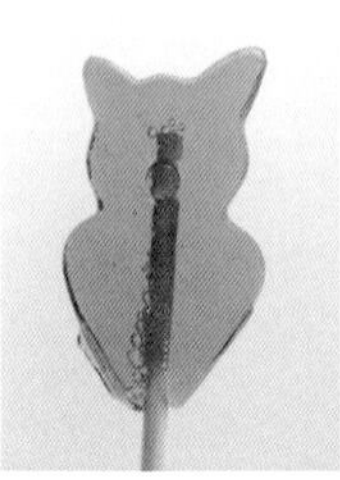
糖葫蘆

好高興～

肉派

肉類大餐

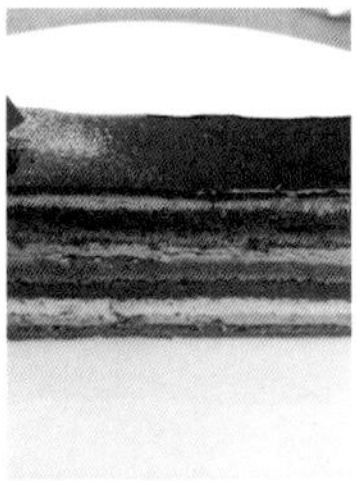
巧克力蛋糕

Sunbeam

攝影的午餐

山吹

肉類大餐的甜點前

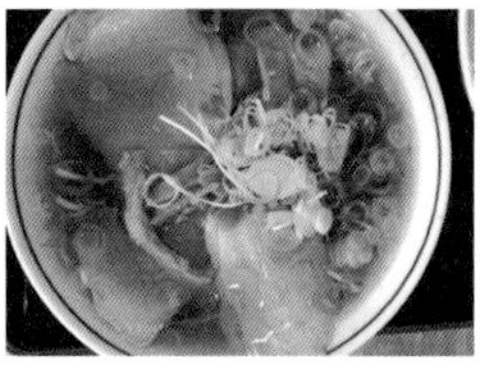
切薄片的蔥

客滿的Au Bon Vieux Temps

到高知必吃

Citron

喝茶時間

豆類

好立體

炸物拼盤

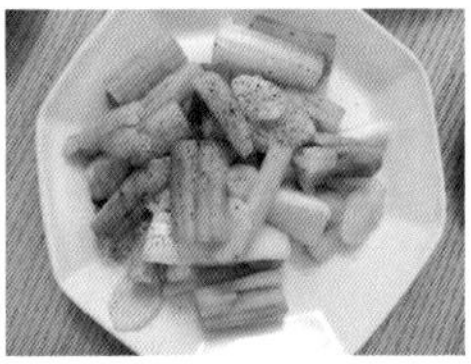
高橋良枝做的菜

雨天就要吃酥脆的

雞肉丸子

美味的法國料理

伴手禮

小慢

山沖

台灣的春季蔬菜

銀座的綠意

桃花

好想再見

飛田和緒的便當

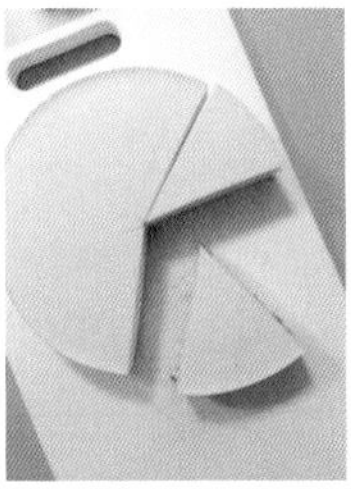

要切分，好緊張

因為春天來了

阿里山

肉舖老板的漢堡排

H小姐的超美餐桌擺飾

燈塔好像線香

春天的果實

我是司康迷

雖是在攝影棚

自製洋芋片

拍攝的早上吃的可頌

洋食天堂

過去未曾體驗的事

配清粥的小菜

每日新聞社

裡面包著
滿滿綠色蔬菜

京都

還會再來吃

漂亮的桌巾

其實我喜歡炸蝦

隔壁店家請我們試吃

攝影的午餐

飛田和緒《常備菜》

醬汁・醬料

這是常備菜？相信有人會這麼問。
或許這的確不能算是常備菜，
不過在我們家，就跟料理肉類、魚類、蔬菜一樣，
也會自己動手做醬汁、醬料，
而且成了常備菜調味時不可缺少的品項。
有時候也會用市售品來湊合，
但只要有時間做一款起來，
就會特別期待要用來做些什麼料理。

＊轉載自合作社出版《常備菜》飛田和緒著。

馬鈴薯四季豆沙拉

■材料（2人份）
馬鈴薯……2顆
四季豆……6～7根

■做法
①帶皮馬鈴薯從冷水開始煮到軟，切成方便食用的大小。四季豆去蒂、去筋，用熱水汆燙後切成一半長度。
②把①盛盤後，佐上1/2杯的黑橄欖醬一起吃。

黑橄欖醬

■材料（約2杯份）
黑橄欖（無籽）……20顆
鮪魚罐頭……1大罐（175克）
橄欖油……1/4～1/2杯
鹽、胡椒……各少許

■做法
①把橄欖跟鮪魚（連同罐頭湯汁）一起倒入食物調理機裡攪拌，大致混合均勻後再一點一點慢慢加入橄欖油，攪拌到呈糊狀。最後再用鹽和胡椒加以調味。

Memo 放入瓶子等容器中，冷藏約可保存一星期。可以用來抹麵包或蘇打餅乾，也可以沾白煮蛋、清燙蔬菜、生菜一起吃。

34號的生活隨筆㉒

初冬美味牛杙仔蘿蔔

圖・文─34號

台語「牛杙仔」原指的是在田地間釘入土裡，只露出土外一小截，用來拴牛的小木樁。在台灣南部屏東，有一種每年產期在初冬11、12月間；外形細長的小蘿蔔，原生於落山風吹拂的恆春半島上，小蘿蔔切面直徑不過50元硬幣大小，因為外形細幼，且生長時三分之二根莖會露出紅土之外，就像舊時綁牛的小木樁，故名：牛杙仔蘿蔔。

牛杙仔蘿蔔外形與台灣入冬盛產粗圓的梅花蘿蔔相比，彷如嬌小的姑娘，倒是與日治時代才引進栽種於高雄一帶的白玉蘿蔔相似，不過屏東當地居民認為；牛杙仔蘿蔔非外來種，而是在地先民代代相傳下來的蘿蔔（亦有一說也是於日治時代引進）。由於恆春半島紅土貧瘠，中秋後強勁落山風吹起水分少，牛杙仔蘿蔔為抵抗惡劣環境，植株將所有水分養分運送至地下莖以求保命，使得這款初冬蘿蔔肉質細膩、爽脆甘甜、風味濃郁，媲美水梨的細緻口感，最適用做醃漬。

今年我初識這款古早美味牛杙仔蘿蔔，與屏東農家訂了十斤嘗試，農家大哥千萬叮嚀切勿削皮，所有的營養好風味都在幼嫩皮上，收到十斤帶著紅土的牛杙仔，洗刷了半小時露出細長白晰原貌，便開始了醃漬工作。

我原本習慣醃漬蘿蔔時就不削皮，細小的牛杙仔切塊後剛好每一小塊都能帶著皮，帶皮醃漬外皮爽脆內心軟嫩，我好喜歡醃蘿蔔咬下時喀擦的口感。醃漬前的殺菁去澀則是關乎美味與否的重點，雖然牛杙仔蘿蔔本身幼嫩清甜，但是蘿蔔特有的苦辣若不去除，醃漬成品會帶苦而難入口，掌控好殺菁的鹽分與時間以去辣，至於醃蘿蔔的脆度則由壓水的程度決定，依著不同醃漬品，有不同的壓水時間。

首先，蘿蔔不要切太小塊，因為壓水後體積縮減，切小了吃起來太不過癮。以蘿蔔重量百分之三的鹽分，均勻撒在切好的蘿蔔上，稍加抓揉後，壓上蘿蔔重量兩倍的重物，至少壓3小時，期間上下翻動一兩次確保每一塊蘿蔔都能平均壓出苦水，倒除苦水後以開水洗淨，便能調味裝罐，這樣的醃蘿蔔還保有些許水分，但因為已經過壓水，爽脆度比新鮮蘿蔔口感更好。今年我的醃料有幾種：鹹辣的蝦油辣椒、酸甜的梅子味噌、傳統味噌鹹味，以及酸辣的辣豆瓣糖醋，蘿蔔入醃料約3至5天後入味即可下箸享用。另外還做了日式的柚子大根漬，為求水嫩口感，去了皮且僅抓鹽脫苦而無壓水，成果好令人滿意。

日本知名《日日》生活誌
4位料理家聯手上菜，
教你天天做出好料理！

飛田和緒
魚鮮料理

細川亞衣
蔬菜料理

坂田阿希子
肉類料理

高橋良枝
昭和料理

還有，
《日日》夥伴喜好的
土鍋料理、吐司吃法
以及器皿與餐點

78道美味食譜

《日日》生活誌的夥伴們
聚在一起時，
總有「美味」相伴；
空間中充滿了
驚嘆聲、杯盤聲、
品嘗的談論聲，
以及讚嘆聲。

《日日料理帖》
從多年來的食譜裡，
精選出絕對美味，
並追加了
更多佳肴！

定價350元
大藝出版 發行

日々・日文版 no.34

編輯・發行人——高橋良枝
設計——渡部浩美
發行所——株式會社 Atelier Vie
http：//www.iihibi.com/
E-mail：info@iihibi.com
發行日——no.34：2014年6月10日
插畫——田所真理子

日日・中文版 no.27

主編——王筱玲
大藝出版主編——賴譽夫
設計・排版——黃淑華
發行人——江明玉
發行所——大鴻藝術股份有限公司｜大藝出版事業部
台北市103大同區鄭州路87號11樓之2
電話：（02）2559-0510　傳真：（02）2559-0508
E-mail：service@abigart.com
總經銷：高寶書版集團
台北市114內湖區洲子街88號3F
電話：（02）2799-2788　傳真：（02）2799-0909
印刷：韋懋實業有限公司

發行日——2017年2月初版一刷
ISBN 978-986-94078-2-3

日日 / 日日編輯部編著. -- 初版. -- 臺北市 ：
大鴻藝術, 2017.2　52面；19×26公分
ISBN 978-986-94078-2-3（第27冊：平裝）
1.商品 2.臺灣 3.日本
496.1　106001697

大藝出版Facebook粉絲頁
http：//www.facebook.com/abigartpress
日日Facebook粉絲頁
https：//www.facebook.com/hibi2012

日文版後記

飛田家成員除了三人，還有一隻黑貓「小黑」。小黑是他們還住在東京時的自來貓，後來搬到海邊小鎮時也一起帶過去。在東京時小黑最喜歡待在衣櫃裡，總是窩到傍晚才出來，正想著牠「該出現了吧」，牠一下就跳上大腿，繼續睡覺。

小黑當時已經4、5歲了，算算現在也14、5歲，換算成人的年紀已是80歲的超高齡。最近我每次去飛田家，看到牠原本漆黑亮麗的黑毛中混了白毛，且越來越多，有時會突然大叫一聲讓你嚇一跳，據說「是痴呆的一種表現」。每當我看見小黑的白毛及變得緩慢的動作，總想起流逝的歲月。16年的歲月對我來說就像昨天才剛發生，然而也不免感慨地想，經過16年的歲月，當年的小嬰兒也已是青少年了。

《日日》十年，我們連續地遇見了很棒的人、事、物、地，如島根縣浜田市的農家民宿、阿蘇山上的茶園、居住在長野縣大町的小村落裡天真爛漫的孩子們、京都咖啡館的婆婆們等等，所遇見的每一位的笑容甚至是當時流動的空氣，至今仍讓我懷想不已。今後又會有怎樣的邂逅與感動在等待著我們呢？新的每一天裡，我都如此期待著。　（高橋）

中文版後記

看到這期日文版《日日》十年，34期，想起中文版《日日》是2012年7月創刊，我們用雙月刊的速度花了四年多，從日文版第一期開始出版，幾乎快要追上了日文版《日日》季刊十年的速度（預計是在明年就能夠與日本同步了）。

找出第一期，當時發行人所寫的創刊緣起也寫到中文版的創刊緣起與日文版有幾分相似；而且我們和日文版四位元老一樣也是愛到處吃吃喝喝！

如果要說一本從銷量來看這麼不「大眾」的雜誌，能夠在慘淡的出版環境中堅持至今，應該就像是發行人在第一期所說的，「因為我們所追求的生活本質，是一直沒有也不會改變的」，我們對於《日日》以一種不浮誇的方式將生活的美好傳遞給大眾的信念，也一直沒有改變。

這一期正好是新的一年的開始，謝謝這一期寫出令人垂涎的蘿蔔、不斷與大家分享生活態度的專欄作者34號，謝謝過去我們採訪過的人事物，也謝謝每兩個月願意花120元買《日日》的讀者。今年也請多多指教！　（王筱玲）